Morten
og
steinene

FSC
www.fsc.org
MIX
Papir fra
bærekraftige kilder
Paper from
responsible sources
FSC® C105338

Morten
og
steinene

En bok i serien Mortens O-fagsunivers

Skrevet av Robert Steen

Morten og steinene
Bok 1 i serien Mortens O-fagsunivers

Forfatter
Robert Steen

Illustrasjoner
Robert Steen, utviklet ved bruk av kunstig intelligens (AI)

Omslagsdesign
Robert Steen, utviklet ved bruk av kunstig intelligens (AI)

Sats og layout
Robert Steen

Faglig kvalitetssikring
Robert Steen

ISBN
978-82-845-1658-5
Forlag
BoD · Books on Demand GmbH
Postboks 354 Sentrum
0101 Oslo
bod@bod.no

Trykk
Libri Plureos GmbH
Friedensallee 273
22763 Hamburg
Tyskland

Første utgave, 2026

MORTENS STEINPASS
Finn, lær og kryss av!
Hvor mange steiner og fossiler klarer du å finne?
HVER STEIN FORTELLER EN HISTORIE
Granitt
Lava som har størknet dypt nede i jorden. En veldig gammel og hard stein.
Gneis
Også en veldig gammel stein. Den har fine striper.
Kalkstein
Laget av skjell, koraller og små dyr som levde i et varmt hav for mange millioner år siden.
Skifer
Laget av leire som ble presset sammen på bunnen av havet.
Konglomerat
Runde steiner som ble rullet i elver og hav, og som ble limt sammen til hard stein.
Fossil
Rester eller spor etter planter eller dyr som levde for lenge siden.
Trilobitt
Et urdyr med skall som levde i havet for over 400 millioner år siden.
Korall
Små dyr som levde i store grupper og bygde rev under havet.
Rombeporfyr
En morsom stein med store krystaller inni. Morten kaller den rompeporfyr!
Hehe!
Nordmarkitt
En helt spesiell stein som bare finnes i Nordmarka.
Grorudgranitt
En granitt som finnes flere steder i Oslo. Den er rødlig og veldig fin!
DIN EGEN STEIN!
Fant du en spennende stein som du ikke vet hva heter? Tegn den her!
HUSK!
Se godt etter når du er ute. De beste skattene ligger ofte rett foran føttene dine!
STEINSAMLER:

Innhold

Velkommen

Her hvor du står akkurat nå, svømte det en gang rare dyr med skall og skjell.
Noen krøp langs bunnen. Noen lå helt stille. Noen hadde skall som var nesten like harde som rustninger.
Da de døde, sank de ned på bunnen av havet.
Der ble de liggende.
Ikke bare i tusen år.
Men i millioner av år.
Til slutt ble de presset så hardt sammen at de ble til stein.
Denne boken handler blant annet om disse steinene.
Men den handler også om hvordan nettopp du kan finne dem helt selv.
Midt i Oslo.

Møt Morten

I denne boken møter du Morten.
Morten er 8, snart 9 år gammel, og han har en pappa som heter Robert.
Morten går i tredje klasse.
Han bor på Kjelsås,
og han elsker steiner.

Da Morten var liten, prøvde han å spise alle småsteinene han fant.
Etter hvert fylte han lommene med stein, og hver dag måtte pappaen
hans tømme ryggsekken fra barnehagen for steiner han hadde spart på den dagen.
En gang fant pappaen hans fire store steiner i oppvaskmaskinen.
En annen gang fant han en stor stein i sengen.
Ikke i Mortens seng, men i sin egen seng.
Senere begynte Morten å legge steiner i fryseren hjemme hos pappaen sin,
for å spare på dem.
Pappaen har tatt vare på alle sammen,
og nå bruker han de iskalde steinene som isbiter.
Isbiter som aldri smelter!
Isbiter som kan brukes om og om igjen.

”Pappa sier at hvis jeg lærer å kjenne igjen ti steiner, blir jeg en ekte steindetektiv!”

«Derfor har pappa laget et steinpass i boken. Det kan både du og jeg fylle ut etter hvert som vi lærer om nye steiner.» sier Morten

Morten har også samlet steiner fra steder han har vært på ferie. Hjemme hos pappaen sin har han steiner fra Gran Canaria og Tyrkia. I tillegg har han fossiler! Steinen fra Gran Canaria er veldig lett, og har masse huller i seg. Akkurat som en Stratos sjokolade. Det er en lava-stein. Den er laget av en ekte vulkan. Det er også en veldig fin hvit flat stein fra Tyrkia. Den har storesøsteren til Morten skrevet navnet sitt på med rød tusj.

«Jeg tror hun er redd jeg skal ta den» ler Morten mens han rister på hodet.

Steinene ligger på et stort fat i stuen hjemme og pynter opp.

De har ikke lært så mye om steiner på skolen ennå, og det synes Morten er litt dumt.

Men Morten er heldig. Pappaen hans er nemlig veldig interessert i steiner. Nesten like interessert som Morten. Og pappaen har hatt om geologi på skolen i gamle dager. Det var faktisk favorittfaget hans nest etter matte. Geologi handler om steiner og fjell, om hvordan de ble laget, og hva som fantes på jorden før mennesker levde her. Men det handler også om vulkaner, jordskjelv og isbreer. Til nå har Morten lært mest om steiner, og litt om vulkaner. Og nå vil Morten hjelpe til å lære deg dette også.

Tre måter steiner blir laget på

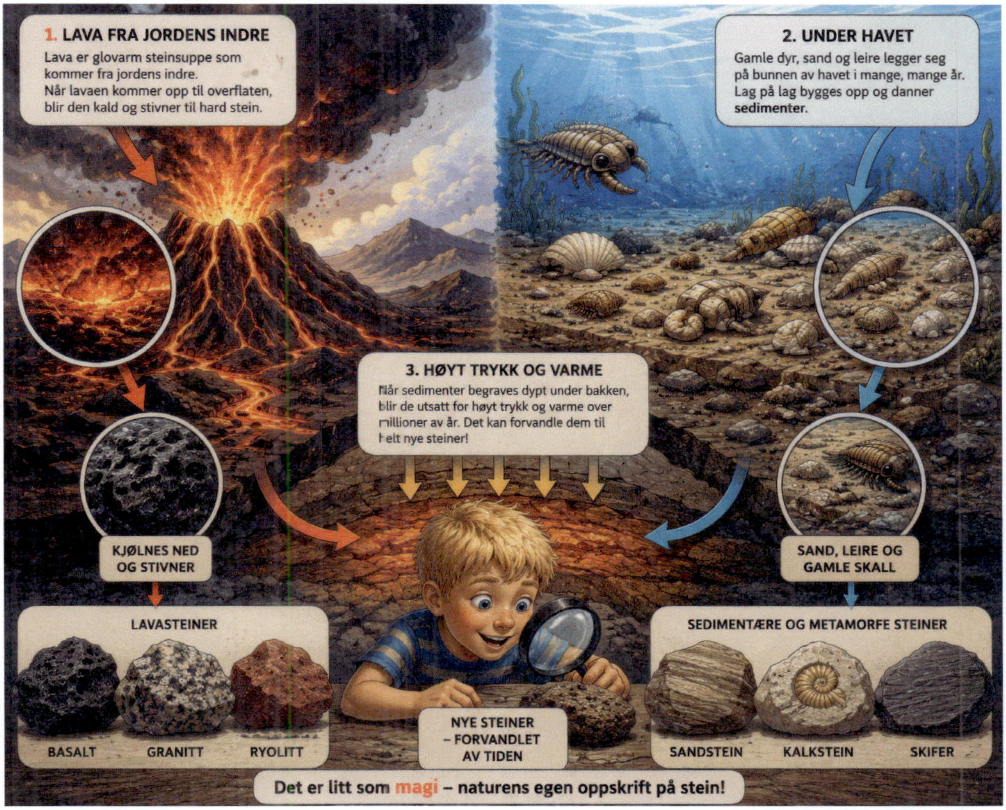

Den første måten er at de blir laget av lava. Den andre måten er at de blir laget under havet av sand, leire og gamle dyr. Dette er de to hovedmåtene. Den tredje måten steiner blir laget på er under høyt trykk og varme. Da kan steiner som allerede er steiner forvandles til helt nye steiner. Det er nesten litt som magi.

«Det er som magi», sier Morten.

Lava er en glovarm steinsuppe som kommer fra jordens indre. Når den blir kald, stivner den og blir til stein. Gamle dyr, sand og leire kan klemmes sammen kjempehardt til det blir til en stein. Akkurat som når du klemmer sammen snø på vinteren til en hard snøball. I denne boken skal du lære å kjenne forskjellen på disse steinene.

Slik bruker du denne boken

Denne boken er laget for at du skal kunne dra på oppdagelsesferd sammen med en voksen. Hver oppdagelsesferd er en rute i Oslo eller i Bærum.
Til hvert sted kan dere reise med buss, trikk, T-bane – eller med båt, og alle rutene er innenfor sone 1 med Ruter.

Siden Morten ikke vet hvor akkurat du bor, er det enklest at de fleste rutene i boken starter på Jernbanetorget. Dit er det enkelt å komme til for de fleste som bor i og rundt Oslo. På hver tur lærer du om nye steiner og bergarter. Du får små oppdrag, og du kan ta med små steiner hjem som minner. Det er bare et sted det ikke er lov å ta med steiner fra. Det er fra Hovedøya.

På Hovedøya er steinene fredet. Der kan vi bare se på dem og ta litt forsiktig på dem uten å ødelegge dem.

Til turene lønner det seg å pakke en liten sekk.
Ta med gode sko, litt mat og drikke, og gjerne badetøy og et håndkle om det er temperatur til det. På de fleste stedene er det mulig å bade.

Og husk: Se ned! Steinene ligger ofte rett foran føttene dine, og ikke glem å fylle ut steindetektivskjemaet.

Rute 1: Kjelsås – Frysja

«Dette er et av favorittstedene mine», sier Morten.«Her kan du se steiner som er så gamle at det nesten er vanskelig å forstå.»
Fra Jernbanetorget kan dere ta buss 54 til endesholdeplassen Kjelsås stasjon. Når dere går av, følger dere skiltene ned bakken mot badeplassen ved Frysja.

«Jeg liker dette stedet så godt fordi det er en stor foss her som bruser, det er glatte berg jeg kan stupe fra, og en diger demning laget av steiner», sier Morten. «Jeg har til og med vært bak fossen!!»

Det er mulig å gå bak fossen, men er glatt og litt skummelt der, så ikke gå dit uten en voksen. Det er veldig viktig.

Morten lurer veldig på hvilken type stein demningen er laget av. Pappa forteller at det har vært demning her i over 400 år, og demningen har sett nesten helt lik ut i mer enn 120 år.

«Pappa har sett et gammelt bilde fra 1906. Demningen så nesten helt prikk lik ut den gangen også» sier Morten.

Pappaen sier at det er litt vanskelig å se helt hvilken type stein det er, siden den alltid er våt, men at den helt sikkert kommer fra området her, og at det trolig er litt granitt og litt gneis. For over 100 år siden fraktet de ikke steiner så veldig langt oppe i skogen her. Da prøvde de å hente den fra nærområdet.

Ved badeplassen er det fjell som ligger i dagen. Det betyr at fjellet stikker opp over bakken slik at solen skinner rett på det.

Morten liker fjell som ligger i dagen.

«Da har jeg nemlig noe å stupe eller ta bomba fra»
roper han i det han stuper ut i vannet.

Gå forbi toalettene, over gressplenen og litt mot høyre, ned mot elven. Se etter et litt rundt og glatt svaberg. Når det er tørt, er det lyst grått. Når det er vått, er det mørkere.

Dette er granitt. Granitt er laget av flytende lava som har størknet inne i jorden. Etter millioner av år er granitten løftet opp mot jordoverflaten, slik at vi kan se den. Mye av steinene som brukes til å lage fortauer og slikt er laget av granitt. Granitt er en veldig gammel stein. Granitten i Norge er ofte mellom en og to milliarder år gammel. Den ble laget lenge før det fantes mennesker på jorden. Morten synes det er rart å tenke på at noe så hardt og tungt en gang var en flytende steinsuppe.

Den andre steintypen vi kan finne her er gneis. Den er faktisk enda eldre enn granitten du nettopp har sett på.
«Hva skjer egentlig hvis en stein blir liggende veldig dypt nede i jorden?» spør Morten.
Gneis begynner som en helt vanlig stein. Ofte som granitt. Om granitten blir liggende dypt nede i jorden veldig lenge, skjer det noe med den. Der nede er det både glovarmt og trykket er kjempestort.
«Ja det er litt som når jeg dykker under vann og kjenner det blir høyt trykk i ørene mine!» sier Morten.
Og pappaen sier at Morten har helt rett. I millioner av år blir steinene presset sammen. Men de blir ikke knust, og de smelter heller ikke helt. Istedenfor forandrer de seg. Sakte men sikkert ble den gjort om til gneis!
Når steiner ble forandret på denne måten, sier vi at den ble omdannet. Det finnes et vanskelig ord for omdannet også, og det er metamorf. Men omdannet betyr det samme, og er mye lettere å huske.
«Litt som om du klemmer hardt og lenge på en snøball, så blir den akkurat som om den er laget av is. Da har den blitt omdannet» gjentar Morten.
«Eller litt som når vi baker rundstykker! Først er det bare mel og vann, men etter en stund i ovnen har alt blitt forandret til deilige rundstykker av varmen.»
Morten blir litt stille og tar seg til magen før han sier *«Nå ble jeg sulten!»*

Når granitten blir til gneis får den ofte lyse striper som går på tvers, men ser fortsatt ganske lik ut som granitt. Men har steinen eller berget disse stripene, er det nok gneis.
«Å, ja! Stripene er jo litt som fingeravtrykk for steiner!» mumler Morten før han sier «Se deg godt rundt, så kanskje du finner gneis her på badeplassen du også!»

Den eldste gneisen i Norge er en av de eldste steinene eller fjellene i hele verden. Den er 3,7 milliarder år gammel, og jorden er bare 4,6 milliarder år. Tenk på det.
«Det betyr jo at det fjellet er nesten like gammelt som jorden.» Morten legger hånden på berget. «Det er ganske kult, men pappa, er ikke du 47 år? Jeg var nesten sikker på at du var fra steinalderen jeg! Du er kanskje ikke like gammel som denne steinen likevel da!»

Rute 2: Fornebu – strand og berg

«Dette stedet er litt rart», sier Morten. «Her er fjellene helt forskjellige, selv om de ligger rett ved siden av hverandre.»

For å komme til Fornebu kan dere ta buss 31 Fornebu fra Jernbanetorget. Ikke ta 31 Snarøya, den stopper et annet sted der ute. Gå av på Fornebu Vest, som er siste stopp før bussen snur og drar tilbake. Gå videre i samme retning som bussen kjørte. Etter noen minutter kommer dere til Koksabukta og badestranden.

Stranden er veldig fin, og litt rar. Den er nesten delt i to, med to helt forskjellige typer fjell i tillegg til sand.
«Det er megafint å bade på sandstranden her» sier Morten.

Da Morten var liten lærte han også å bade her. Ser du den store flytebrygga ute i vannet? Dit svømte Morten sammen med pappaen sin da han bare var fire år gammel. *«Gjett om jeg var stolt!» sier Morten. «Selv om det var litt skummelt»*

For 450 millioner år siden lå dette området under havet. Det var der steinene ble laget. Her er fjellene laget av noe som heter kalkstein og leirskifer. De ser ganske forskjellige ut. Kalksteinen som er her ser litt rar ut, og den har et enda rarere navn. Den heter knollekalk.

Den ser litt ut som en blanding av små steiner og leire og sand som ikke har blitt helt blandet sammen. Den er litt klumpete og rar, og den er litt vond å gå barbeint på. *«Den ser nesten ut som havregrøt som har blitt til stein!» sier Morten.*

I havet som var her for omtrent 450 millioner år siden levde det mange små og store dyr med harde skall. Dyrene var litt som krabber og krepser og snegler med store skjell og skjeletter. Når disse dyrene døde, falt skallene og skjelettene ned til bunnen av havet, og samlet seg i store hauger som dekket hele havbunnen. Litt som om du heller sand i en bøtte vann. Da legger all sanden seg på bunnen av bøtta om du ikke rører i den. Der nede på bunnen lå alle skallene og skjelettene og ble most sammen i millioner av år før det ble presset så hardt sammen at det limte seg sammen og ble til steiner og fjell. Morten blir stående helt stille og ser ned på berget. *«Så jeg går egentlig oppå et gammelt hav av skjeletter?»*

Om du har funnet berget ved livbøyen og står der nå, betyr det at fjellet du står på, faktisk er laget av krabber, snegler og skjeletter og litt sand og leire.

«Tenk på det.» sier Morten. «Jeg synes nesten det kiler litt inder beina»

En annen ting du kan se etter mens du er her, er en blå blomst du nesten helt sikkert ikke har sett noen andre steder. Den har et veldig morsomt navn. Om du ser nøye på blomsten, synes noen at den ligner litt på hodet til en liten drage. Den heter nemlig Dragehodeblomst.

Den lever bare der det er masse kalk i jorden. Og på Fornebu har vi masse kalkstein, knollekalk er en av dem, og masse kalkstein betyr at det også er masse kalk i jorden. Derfor lever Dragehodeblomsten akkurat her. Det er faktisk en gate på Fornebu som er oppkalt etter den. Dragehodesvingen heter gaten.

Den andre bergarten det er mye av her, heter skifer. Den er veldig mørk, og er lagdelt. Det betyr at den ligger lag på lag oppå hverandre. Akkurat som arkene i en bok. Men som regel ligger den litt på siden, så det ser ut som en veltet bok.

Om du har sett skiferheller på et fortau eller på en sti i en park, så er de laget av dette berget. Eller ikke akkurat av det du ser på Fornebu, men et helt likt et fra et annet sted. Kanskje det er laget på Grorud? Bussen fra Fornebu går faktisk helt til Grorud. Den heter 31 Grorud bussen du skal ta tilbake igjen. På Grorud knuser man leirskiferen og lager store fine flate heller av den.

Morten liker skifer fordi den ser ut som steinen har hukommelse, og husker hvert lag hver for seg. Det er som om noen har skrevet en bok.

Først kom det et lag med leire.
Så kom det et lag til.
Og et til.
Og til slutt ble alt presset sammen, kjempehardt, og det ble til skifer.

Når dere først har tatt turen helt ut til Fornebu, burde dere gå til den neste stranden som heter Storøyodden også.

"Det ville i alle fall jeg gjort" sier Morten høyt og tydelig. "der er det veldig fint!"

Følg kartet til Storøyodden badestrand!

Storøyodden badestrand ligger der hvor rullebanen til Oslo lufthavn stoppet, eller begynte i gamle dager. De har tatt vare på en liten bit av rullenebanen dere kan om dere går dit. I dag lander det heldigvis ikke noen fly der, men det ligger fortsatt en sjøflyhavn noen få hundre meter fra stranden. Er dere heldige får dere se noen sjøfly lande eller lette mens dere er her. I dag er heldigvis flyplassen byttet ut med en superfin og moderne strand. Stranden har kiosk, dusjer, toaletter, og volleyballbane. I tillegg er det en brygge man kan hoppe fra.

Om dere fortsatt er på stranden i Koksabukta , kan dere snu dere helt rundt og se bort fra vannet. Dere skal gå stien som går til venstre mot skogen. Der finner dere et gjerde og en skjult sti som går inn under trærne.Morten viser dere veien videre. Følg på langs gjerdet, helt til dere kommer til Sommerfugldammen.

Sommerfugldammen er ganske spesiell. Den har mange fine oppgaver. En oppgave er å samle opp vann når det regner. En annen er at den er bygget på en sånn måte at alt regnet som kommer hit blir renset av naturen før det renner videre og ut i sjøen. Den kanskje viktigste oppgaven den har, er at plantene og vannet her lager et fint leveområde for sommerfugler, øyenstikkere, frosker og salamandere.

Kanskje ser du en salamander når du er her? Husk de er fredet, så vær snille med dem. La dem være i fred.
Herfra må dere holde til venstre, slik at dere kan følge stien helt til dere kommer til Storøyodden badestrand. Men følg godt med når dere nærmer dere. Her finnes det nemlig en annen spennende steintype.

Den heter Konglomerat. Du finner den nede mot sjøen på vei til den andre stranden. Se etter berg som ser ut som om små steiner er støpt fast inni større steiner. Du trenger ikke gå av stien før du kommer nesten helt ut av furuskogen ved stranden.

«Denne steinen ser nesten ut som en stein laget av steiner», sier Morten.

Om du ikke finner konglomeraten før du kommer til stranden, ligger det mange store steiner som er konglomerat om dere går forbi kiosken og langs sandstranden som ligger på motsatt side av kiosken. Om dere ser den lille øyen med den koselige røde hytten, er dere på rett vei. Dere finner den nok til slutt.

Om du har funnet kiosken og stranden er du kommet frem ttil til Storøyodden badestrand.

«Sistemann uti er en pyse pappa!» ropert Morten i kjent stil i det han kaster seg i vannet.

På vei tilbake til bussen tenker Morten på at:

Noen steiner er laget av ild.
Andre er laget av dyr, sand og leire.
Og akkurat her på Fornebu kan vi finne begge deler. Det er kult.

Klarte du alle oppdragene her ute?

Rute 3: Oslo sentrum
Stein blir til by

«Dette er en av de kuleste rutene», sier Morten.
«For her er steinene mer enn natur. Her har mennesker brukt dem til å bygge hele byen.»

Første stopp er Akershus festning.

«Her er nesten alt bygget av stein, og borgen ble reist i middelalderen» sier Morten.

For å komme hit er det enklest å ta t-banen til Stortinget, for deretter å gå rett bort til festningen.

Festningen er stor, men det er godt skiltet.Her ligger de eldste bygningene i Oslo sentrum. Deler av festningen er over 700 år gamle.
Det er de samme steinene som fortsatt ligger her.

Her er alt bygget av så mange forskjellige typer stein, at her skal vi ikke lære om en bestemt type. Men det er veldig fint å gå her for å se alt hva man har klart å bygge med steinene. Her er gatene, fortauene, veggene, takene og nesten alt sammen bygget av stein.

Selv om veiene her er gamle, var det ikke her vi bygget veier av steiner først.Det var romerne som først begynte å bygge veier av steiner på denne måten. Har du noen gang hørt en voksen si:*"Alle veier fører til Roma"*
Det utrykket stammer fra at Romerne bygget over 400 000 kilometer veier, og over 80 000 kilometer var bygget av steiner.

«Tenk at folk har gått på steinveier i over 2000 år!» sier Morten «Og de er ennå ikke slitt ut!»
Og det har Morten helt rett i. Noen av de eldste veiene i verden er laget av granitt, og de er fortsatt ikke slitt ut. Granitt er en av de mest slitesterke steinene vi har. Derfor passer den fint til å bli brukt til veier.
«Da hadde de jo brosteiner nesten tusenvis av år før det kom bilder!» sier Morten.

«Finner dere Akershus slottskirke, finner dere noen kule kanoner også!» sier Morten ivrig.

Når dere har sett slottskirken, kanonene og veiene som er bygget av brostein kan dere gå videre.

Neste stopp er ved løvene ved Stortinget!

Her er det mange mennesker, så her lønner det seg å passe på så du ikke mister den voksne du går sammen med. Løvene står på fremsiden av Stortinget.
Løvene ble laget for over 150 år siden og er laget av en stein som ble hugget ut i Nordmarka. Steinen heter Nordmarkitt, og er litt i slekt med granitt. Nordmarkitt er en ganske spesiell stein, faktisk så spesiell at den blir regnet som Oslos fylkesstein.

«Nordmarkitt er den viktigste eller mest kjente steinen vi har i Oslo» sier Morten.

Hvis du ser nøye etter, ser steinen nesten ut som om den er laget av mange små biter som er limt sammen, og noen av dem glitrer litt i sola.
Mange synes nordmarkitt ser varm og vennlig ut, og er ikke så kald og grå som mange andre steiner eller granitter.

«Om du ikke er fargeblind slik som pappa er, kan du faktisk se rosa skinn» erter Morten.

Det er lettest å se om sola skinner på dem. Men også i mørket om kvelden kan man se lyse flekker som blinker i løvene, nesten som små reflekser.

«Jeg synes nordmarkitt ser varm og vennlig ut, og passer veldig godt til løver!» sier Morten.

Se nøye etter på løvene. Se om du kan se hvite eller rosa flekker, eller svarte prikker i steinene. Det betyr at det er nordmarkitt

Nå kan dere gå videre. Dere skal helt bort til Universitetsplassen, men gå gjerne igjennom parken, og se på vannsøylene, og statuene som står i spikersuppa. *«Jeg trodde det lå masse spiker i vannet første gangen jeg var her» ler Morten. «Det trodde jeg også da jeg var liten» svarer pappaen. «Men det heter spikersuppa fordi firmaet som betalte for parken var Christiania Spikerverk. Og de tjente penger på å lage spiker»*

Se på all den flotte steinen som er brukt til å lage denne parken? All steinen her er hentet fra et eller annet sted i Oslo. De er hugget ut av noen sterke arbeidere, flyttet hit og lagt pent på plass slik at alle som besøker Oslo kan få se de samme fine fontenene, blomsterbedene og utsmykkingene.

Morten liker å tenke på at bakken på Universitetsplassen er som et puslespill laget av stein.

Det er som et stort lappeteppe, eller som om noen har lekt med Lego her.

Det dere kan legge merke til er de store klassiske søylene på selve universitetsbygningen. Slike søyler begynte man å lage allerede i antikkens Hellas. De lagde slike for nesten 2800 år siden. I Hellas brukte de meste kalkstein, men her i Oslo har vi brukt granitt. Husker du at kalkstein var laget av døde dyr, skjeletter og bein? Mens granitt er laget av lava som er størknet inne i bakken. Granitten som er brukt heter faktisk Grorudgranitt. Grorud er det stedet i Oslo hvor de også lager skifer.

«De må være gale etter stein på Grorud» sier Morten.
"Ja, eller var det stein-gale de var på Grorud?" spør pappa tilbake.
Morten ler godt av den vitsen. Den har han hørt før, og kommenterer tilbake at det er de to som er stein-gale.

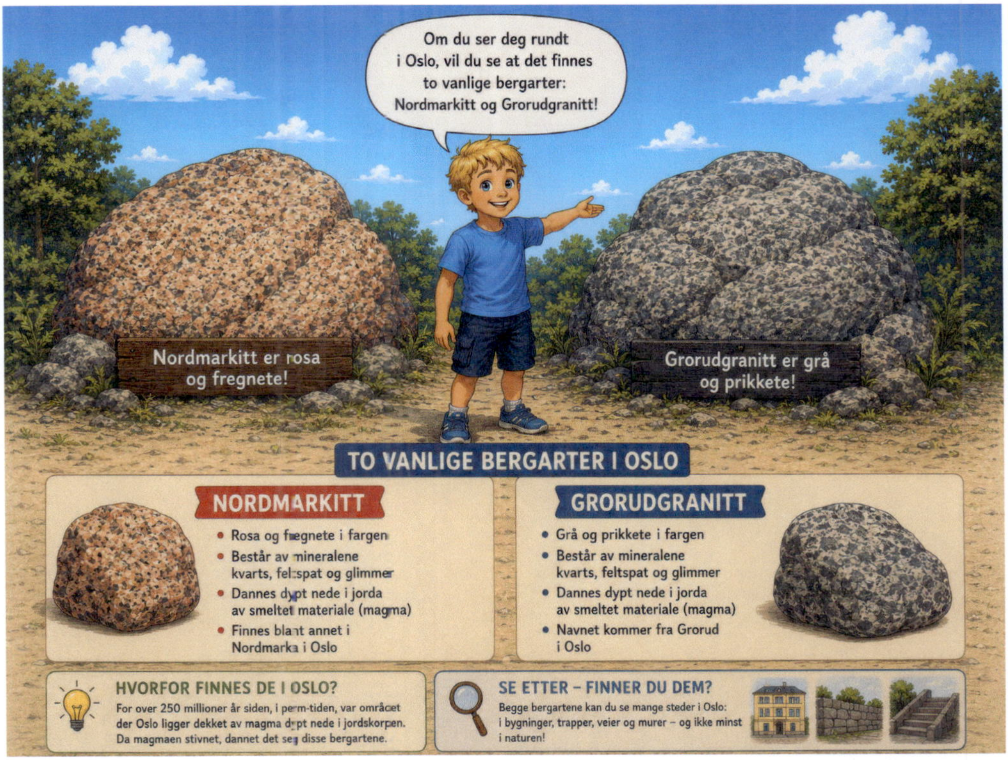

Grorudgranitt er en tøff stein. Den tåler regn, den tåler snø og den tåler kulde. Derfor brukes den ofte i bygninger, i trapper og i fortau i Oslo. Ser du et gammelt fortau med stein som fortauskant, er det så godt som helt sikker grorudgranitt som er brukt der. Oslo kommune brukte Grorud-granitt til nesten alt de laget i mange år.

«Granitten ser ofte prikkete ut, nesten som en veldig hard kake som har vært i ovnen altfor lenge» forklarer Morten.

Fra universitetsplassen kan dere gå videre langs Karl Johans gate og helt opp til slottet. Her bor Kongen og Dronningen i Norge. I alle fall noe av tiden, og om det norske flagget er heist på slottet betyr det at Kongen er hjemme. Dere kan gå helt bort til slottet og se på steinene det er bygget av.

Det er lov å gå bort til gardistene som står på vakt ved slottet for å bli tatt bilde av ved siden av dem. Men husk at de ikke har lov å prate med dere. De er der for å passe på både kongen og dronningen, men også alle dere som er der på besøk. De gjør en kjempeviktig jobb for alle sammen som bor i og besøker Oslo.

Se på slottstrappen og den nederste delen av slottet. Den er laget av en type stein du har sett før. Tror du den er laget av granitt eller av kalkstein?

Helt riktig, den er laget av granitt. Eller egentlig av lava som ble til granitt. Slottet er ikke bygget av nordmarkitt slik som løvene ved stortinget er laget av. Det er heller ikke bygget av grorudgranitt. Steinen ble hentet fra Iddefjorden og heter Iddefjordsgranitt. Iddefjorden ligger helt på grensen til Sverige. De hugget ut steinene der, og fraktet dem med båt til Oslo. Deretter kjørte de dem opp hit med hest og kjerre for å bygge slottet. Morten synes det er rart å tenke på at steiner kan reise så langt. Og spesielt rart at ikke båtene synker med all den tunge steinen om bord!

Granitten er litt mer grå enn Nordmarkitten som ble brukt i løvene, men den kan også ha litt rosa farge i seg. Den er litt mer grovkornet og ikke så lett å skjære helt fine rette kanter i som Grorudgranitten.
Her avsluttes ruten for denne gangen, og Morten oppsummerer litt med pappaen sin.

Se på Akershus festning.
Se på løvene ved Stortinget.
Se på universitetsplassen.
Se på Slottet.

Mange av bygningene rundt oss er laget av stein som er hentet rett fra Oslo-området. Oslo er ikke bare bygget på stein.Oslo er stein.

«Når jeg går i byen, tenker jeg mer på steiner enn på mennesker», sier Morten.

«Jeg tenker på lava, på fjell og på hvor gammelt alt er. Det føles som om hele byen har en historie under føttene mine. Tenk så mye denne byen har sett.»

"Neste gang vi drar på tur, skal vi ikke bare lete etter steiner, vi skal lete etter dyr som har blitt til steiner!" sier Morten i det han setter seg på trikken for å dra hjem.

Rute 4: Hovedøya
Liv som har blitt til stein!

«Her er det litt annerledes», sier Morten.
«Her må vi bare se ... Vi har ikke lov å ta med oss steiner hjem herfra.»

Denne reisen er litt annerledes også. Den starter ikke på Jernbanetorget, men på Aker Brygge. Eller egentlig starter den jo hjemme hos deg da. Men du og den voksne du skal på tur med må finne veien til Aker Brygge. Fra Aker Brygge skal dere ta båten som går fra plass nr 4. Den går til Hovedøya. Båten går hvert tjuende minutt og tar bare noen få minutter. Det er en fin og morsom båt-tur som Morten liker godt.

«Det føles litt som å reise tilbake i tid selv om båten er ganske moderne» sier Morten «Jeg tror ikke steinene til klosteret kom hit med en sånn båt!»

Det ligger en gammel ruin på øya. For nesten 1000 år siden ble det bygget et kloster her ute av noen munker. Dette klosteret ble bygget av kalkstein.
«Husker du hva kalkstein er laget av?» spør Morten. «Helt riktig! Skjell, sneglehus, krabber og andre dyr som levde i havet»
Her bodde munkene i 500 år før kongen bestemte at de ikke fikk bo her mer, og da ble klosteret til en ruin siden ingen passet på det lengre.
«Dere kan fortsatt se hvordan det så ut der for 1000 år siden» sier Morten «For det står ganske mye igjen av klosteret fortsatt»
Hovedøya er en av de mest spennende områdene du kan dra til for å se på steiner og fjell i hele Oslo området. Det som er litt annerledes her er at mange av steinene er fredet. Det betyr at vi må være forsiktige med dem.

Vi kan se på dem, og vi kan plukke dem opp og ta på dem eller leke med dem. Men vi kan ikke ta dem med oss hjem. Selv om vi har lyst.

Det er heller ikke lov å knuse steiner slik du har kunnet gjøre på de andre turene. Det er ikke lov å ødelegge dem. Vet du hvorfor?

«Det er fordi det er fossiler i mange av dem» svarer Morten.

Vet du hva fossiler er? Husker du når vi var på Kjelsås og snakket om at krabber og krepser og snegler med store skjell osv ble til kalkstein og skifer? Likt som på Kjelsås var det også hav her for mange millioner år siden. Havet var også veldig varmt den gangen. Og det bodde mange rare dyr her. Men når disse dyrene døde, ble de ikke most sammen til stein. Noen av dyrene ble begravd inne i sand og leire før de rakk å råtne bort. Etter mange millioner år ble sanden gjort om til stein. Da ble også avtrykket av dyrene bevart inne i steinen. Det er disse avtrykkene vi kaller fossiler. Det er litt som et fotavtrykk, eller fingeravtrykk i sanden som har blitt tatt vare på i tusenvis og millioner av år.

Morten sier at fossiler er jordens egne bilder fra fortiden. De er som et fotoalbum, og de vanligste fossilene du kanskje finner på turen i dag, heter trilobitter.
«De ser ut som små biller eller skrukketroll» sier Morten.
Om du finner en flat stein kan det hende du finner et avtrykk som ser ut som en halv kropp med mønster med streker som går på tvers. Dette er dyr som levde før dinosaurene, og de hadde harde skall som beskyttet kroppen, nesten som rustninger. Det er disse vi kan se avtrykkene av i dag.

«Jeg trodde bestemor var et fossil jeg pappa» ler Morten før han sier «Tenk om jeg finner en her!» og kikker ned mot steinene.
Kan du finne en flat stein som har mønster som ser ut som et hjerte? De har ofte fine striper som går fra toppen og ned. Det kan se litt ut som solstråler eller hjerter i steinen. Dette var en gang et levende dyr som levde på havbunnen, og i dag finner vi avtrykket som et fossil i steinen.

Trilobittene levde for så lenge som 550 millioner år siden! Det finnes også koraller her, så det kan hende du finner en. De ser ofte ut som runde eller firkantede steiner som har små mønstre tett i tett, ofte mange sammen.
«Det er som å være detektiv dette», sier Morten «Bare at sporene er veldig, veldig gamle.»

Har du kommet fram med båten nå?
Kanskje har dere lest helt hit mens dere ventet på båten? Det håper jeg, for nå starter alt det morsomme.

Første stopp er fjæra!

Nå er det tid for fossiljakt. Da er det bare å lete etter fossiler, men husk at det ikke er lov å ødelegge og knuse noen av steinene her, og dessverre er det ikke lov å ta dem med hjem. Morten setter seg ofte på huk og ser på steinene. Noen ganger tror han at han har funnet et fossil.

Men noen ganger viser det seg bare å være rare steiner.

Men av og til finner han faktisk noen også.

«Noen steiner er laget av ild. Noen er laget på bunnen av havet. Og noen gjemmer spor etter dyr som levde for hundrevis av millioner av år siden. Det synes jeg er ganske fantastisk.» sier Morten.

Neste gang vil Morten ta deg med til et sted der du kan gå gjennom nesten hele historien på en eneste tur. Den neste turen går helt fra havbunnen til toppen av et fjell. Morten håper du er klar for å klatre litt!

Rute 5: Kolsåstoppen Gjennom hele historien

«Dette er den lengste turen», sier Morten «Men også den som forteller mest på en gang.»

I dag skal vi til Kolsåstoppen. Det er en litt krevende og tøff tur, og noen steder må du klatre litt. Det er bratt og kan føles litt langt, men ikke så langt at du ikke klarer det. Du bør ta med litt mat, drikke, og noen varme klær, selv om det er fint vær ute. Været kan skifte fort på toppen, så ta gjerne med en jakke eller en varm genser. Morten synes dette er en tur man blir stolt av når man er ferdig med den.

Om dette ikke er den lengste, så er det i alle fall den bratteste turen vi skal på. Tidligere har vi tatt buss, trikk og båt, og i dag skal vi ta T-banen. Dere må finne linje 3 som går til Kolsås fra Jernbanetorget.
Dere skal ikke ta banen helt til siste stopp, men til tredje siste stopp som heter Hauger. Der går dere av og følger skiltet mot Kolsåstoppen.

Turen er kanskje 1,5-2 km lang, og den er litt bratt. Men det er trapper og rekkverk der det er brattest.

«Turen passer for familier» sier Morten litt veslevoksent. «Så dette går bra pappa!»

Kolsåstoppen er ganske kjent. Verden over faktisk. Det var en gang en veldig kjent maler som het Monet som var på ferie her. Han elsket Kolsåstoppen og malte den i mange av bildene sine. Claude Monet var en av verdens mest kjente malere. *«Og slik ble Kolsåstoppen kjent i hele verden!» sier Morten « Og i dag er det du som skal få se den på ekte, ikke bare på et maleri.»*

Ruten starter med å gå litt i skogen, før du kommer til en del løse steiner. Her kan det faktisk hende du finner steiner som ligner på skjell. Kan du tenke deg hvorfor det ligger steiner som ligner på skjell her? Helt riktig. Det har vært hav her.

Her kan du faktisk finne fossiler allerede før den bratte delen begynner. Når dere klatrer opp hele Kolsåstoppen går dere fra gammel havbunn og helt opp til toppen som er laget av vulkanstein. Men det er ikke en ekte vulkan på toppen. Lavaen kom ut av sprekker, og ikke fra en vanlig vulkan.

Foten av Kolsåstoppen, eller der du begynner å klatre når du er igjennom skogen er laget av kalkstein. Du husker kanskje at den er laget av skjell, koraller og små sjødyr og skjeletter fra dyr som levde i havet for hundrevis av millioner år siden.

«Det betyr at fjellet egentlig er laget av veldig gamle dyr som har blitt til stein akkurat som på badeplassen på Fornebu» mumler Morten

Senere skjedde det noe dramatisk. Jorden sprakk opp, og varm lava kom opp fra dypet inne i jorden. Lavaen størknet og ble til hard, mørk stein. Derfor kan man noen steder se både lys kalkstein og mørke striper av gammel lava i fjellet. Det betyr at lavaen kom ut igjennom sprekker akkurat der.

Morten liker å peke på stripene og si: «Der sprakk jorden.»

Bergarten helt på toppen heter Rombeporfyr. Ikke Rompeforfyr, men rombeporfyr. Rombeporfyr ble også laget av lava. Da lavaen størknet, ble det dannet lyse rombeformede krystallene som gjør steinen lett å kjenne igjen.
Det er likevel litt rart å tenke på at toppen av fjellet ble laget langt under bakken...

«Fjellet er liksom snudd på hodet», sier Morten.
En annen ting som er morsomt med rombeporfyr er at det finnes ikke på så veldig mange steder. Det finnes her i Oslofeltet, på Kilimanjaro i Afrika og noen få andre steder i hele verden. Det betyr at toppen av Kolsåstoppen er laget av en ganske sjelden bergart!

Kalksteinen som den delen av fjellet som er nedenfor toppen er laget av, er mye mykere enn steinen på toppen. Faktisk klarer regn, is og vind gjennom lang tid å slite bort den myke steinen, mens den harde lavaen på toppen har blitt stående igjen. Isbreene hjalp også til med å slipe bort den mykere kalksteinen. Det er grunnen til at Kolsåstoppen har bratte vegger og høye stup som mange klatrere liker. Kanskje ser du noen som klatrer her i dag?

«Det er ganske bratt her, så det er viktig at du ikke går ut på kanten» sier Morten «men hører etter de voksne, slik at du ikke går noen steder du ikke får lov til å gå. Det er litt skummelt her»
Kolsåstoppen forteller oss at naturen forandrer seg sakte, men sikkert, og at selv et høyt fjell en gang kan ha vært bunnen av et varmt hav.

Eller faktisk ha vært lava som har blitt til en stein langt under bakken.
Har du kommet deg helt på toppen nå? Jeg håper du har med noe godt å spise og drikke, for det har du fortjent etter denne lange turen.
Om du ser utover nå, kan du se øyene der hvor du var når du fant fossilene også. Er det ikke en superfin utsikt her?
«Der ute ligger Hovedøya, hvor du lette etter fossiler. Og langt der borte ligger Oslo, hvor løvene ved Stortinget står og passer på. Det er rart å tenke på at alle disse stedene henger sammen gjennom historien til steinene.» sier pappaen til Morten.

Hvor høyt oppe tror du at du er nå? Faktisk er du 379 meter over havet. Dette er det høyeste punktet i hele Bærum.

«Jeg er ca 1,3 meter høy, og da må vi stille 291 av meg oppå hverandre for å bli like høy som Kolsåstoppen! Tenk på det» sier Morten mens han spiser brødskiven sin.

«Når vi gikk opp hit i dag, gikk vi egentlig gjennom hundrevis av millioner år av jordas historie. Først gikk vi på gammel havbunn. Så gikk vi forbi lava. Til slutt sto vi på toppen av fjellet. Det synes jeg er ganske utrolig» oppsummerer Morten.

Har du løst oppdragene?
Husk, nr 1 er viktigst!

Steinene rundt deg

Når Morten går hjem den kvelden er han sliten i beina.
Og hodet hans er fullt av alt det nye han har lært.
Han tenker på steiner som en gang var glovarm lava.
Han ser på byen rundt seg.
Fortauene. Trappene. Murene. Alt fjell som er i dagen.
Alt er visst laget av stein.
Noen steiner er nesten like gamle som jorden.
Noen steiner har reist langt.

Noen steiner har ligget akkurat der du står,
helt siden før det fantes mennesker.
«Det er litt som om steinene passer på oss», tenker Morten «De kom her før oss»

Når Morten kommer hjem den kvelden pakker han ut en stor stein fra sekken sin. Steinen inneholder et fossil, og Morten har lest at fossiler kan fortelle hvor lenge det er siden de levde, og pappaen til Morten har lovet å lære han mer om dette.
Før Morten legger seg for å sove,
legger han steinen på nattbordet.
Han ser på den, slukker lyset, og tenker:
"Kanskje denne steinen ventet i 450 millioner år på at akkurat jeg skulle finne den."

Yes! Jeg klarte alle ti!
MORTENS STEINPASS
Finn, lær og kryss av!
HVER STEIN FORTELLER EN HISTORIE
Granitt
Lava som har størknet dypt nede i jorden. En veldig gammel og hard stein.
Gneis
Også en veldig gammel stein. Den har fine striper.
Kalkstein
Laget av skjell, koraller og små dyr som levde i et varmt hav for mange millioner år siden.
Skifer
Laget av leire som ble presset sammen på bunnen av havet.
Konglomerat
Runde steiner som ble rullet i elver og hav, og som ble limt sammen til hard stein.
Fossil
Rester eller spor etter planter eller dyr som levde for lenge siden.
Trilobitt
Et urdyr med skall som levde i havet for over 400 millioner år siden.
Korall
Små dyr som levde i store grupper og bygde rev under havet.
Rombeporfyr
En morsom stein med store krystaller inni. Morten kaller den rompeporfyr!
Nordmarkitt
En helt spesiell stein som bare finnes i Nordmarka.
Grorudgranitt
En granitt som finnes flere steder i Oslo. Den er rødlig og veldig fin!
DIN EGEN STEIN!
HUSK!
Se godt etter når du er ute. De beste skattene ligger ofte rett foran føttene dine!
STEINSAMLER:
Morten
STEINSAMLER:
Morten
Klarte du det også?

MORTENS STEINPASS

Finn, lær og kryss av!

Hvor mange steiner og fossiler klarer du å finne?

HVER STEIN FORTELLER EN HISTORIE

- [ ] 

Granitt
Lava som har størknet dypt nede i jorden. En veldig gammel og hard stein.

- [ ] 

Gneis
Også en veldig gammel stein. Den har fine striper.

- [ ] 

Kalkstein
Laget av skjell, koraller og små dyr som levde i et varmt hav for mange millioner år siden.

- [ ] 

Skifer
Laget av leire som ble presset sammen på bunnen av havet.

- [ ] 

Konglomerat
Runde steiner som ble rullet i elver og hav, og som ble limt sammen til hard stein.

- [ ] 

Fossil
Rester eller spor etter planter eller dyr som levde for lenge siden.

- [ ] 

Trilobitt
Et urdyr med skall som levde i havet for over 400 millioner år siden.

- [ ] 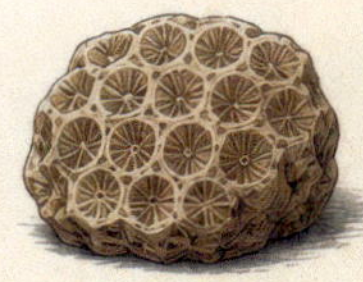

Korall
Små dyr som levde i store grupper og bygde rev under havet.

- [ ] 

Rombeporfyr
En morsom stein med store krystaller inni. Morten kaller den rompeporfyr! Hehe!

- [ ] 

Nordmarkitt
En helt spesiell stein som bare finnes i Nordmarka.

- [ ] 

Grorudgranitt
En granitt som finnes flere steder i Oslo. Den er rødlig og veldig fin!

- [ ] **DIN EGEN STEIN!**
Fant du en spennende stein som du ikke vet hva heter? Tegn den her!

HUSK!
Se godt etter når du er ute. De beste skattene ligger ofte rett foran føttene dine!

STEINSAMLER: ____________________

Til sist:

Takk for at dere kjøpte og leste den første boken i serien om Mortens O-fagsunivers. Morten har satt veldig pris på å få lage boken, og formidle all kunnskapen til dere. Målet med serien er å formidle det som i gamle dager het Orienteringsfag, og som i dag heter naturfag, på en aldersadekvat og spennende måte. Nyskjerrighet og interesse for realfag starter tidlig om barn får mulighet til å delta i læringsprosessen.

Denne første boken er stedbunden til Oslo og Bærum, mens de andre bøkene i serien omhandler temaer fra nært og fjernt.

Andre bøker i serien er:
Morten og verdensrommet
Morten og vulkanene
Morten og krypdyrene
Morten og vannets kretsløp
Pluss mange mang flere...